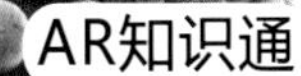

增强实境互动系列

3DAR

惊喜体验全新的阅读乐趣

蔬果小百科

Vegetable & Fruit

3D互动游戏书
下载专属APP
扫描书页立即进入
3D蔬果乐园

深圳幼福编辑部 编著

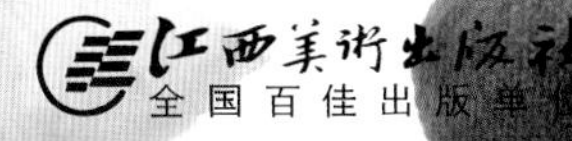

目录

※备注：

随着科技的进步，原本生产季节分明的蔬果，到如今已大多可以全年生产，产地也扩大许多。因此内容尽量以最具代表性的季节与产地标示来说明。

荔枝

荔枝在每年的五六月成熟，果皮由绿色转成红色，果肉香甜多汁，是热带水果之一。荔枝的品种有很多，“妃子笑”皮薄籽小，口感较为细致；“桂味”果壳浅红色，薄而脆，肉多核小，味很甜；“糯米滋”肉厚多汁，口感较有弹性。成熟的荔枝不易保鲜，采收后1～2天食用最佳。

别名：离枝、丹荔

产期：5月至7月

产地：原产于中国

芒果

芒果椭圆滑润，果皮呈柠檬黄色，味道甘醇，被誉为“热带水果之王”，营养价值极高。它纤维少，富含糖、蛋白质、果胶和钾、钙、磷、铁、镁等矿物质，以及维生素A、B、C、E、F等。芒果果肉香气怡人、多汁，鲜美可口，但不能多吃噢！

别名：檬果

产期：5月至8月

产地：原产于印度、中国

扫描看动画

西瓜

西瓜生长在高温少雨的“沙地”，生长、开花、结果过程都需要大量水分，果实才会又大又甜。西瓜果实外皮光滑，呈绿色或黄色，有花纹；果瓤多汁，为红色或黄色；果皮白色的部分富含维生素C，腌制后可以当作开胃小菜。西瓜籽含有丰富的蛋白质。

别名：夏瓜、寒瓜

产期：5月至7月

产地：原产于非洲、中国

扫描看动画

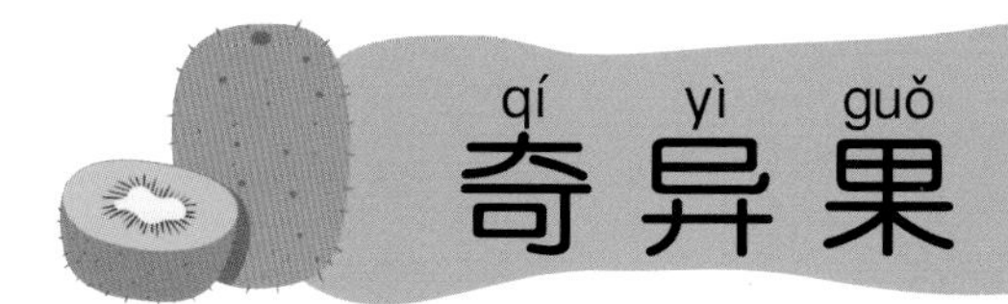

奇异果

奇异果的咖啡色外表上有一层细细的绒毛，果皮非常薄，很容易因为碰撞而受到损伤！它形状椭圆像鸡蛋，果肉则是半透明的淡绿色或金黄色，非常细嫩可口。奇异果中含有多种氨基酸，可作为脑部神经传导物质，促进生长素分泌，是对人体非常有营养的水果。

别名：猕猴桃

产期：1月至4月、9月至12月

产地：原产于中国

草莓

草莓为多年生草本植物，花白色。草莓的种子也是草莓的果实，红色的部分是花托发育变大的假果。草莓营养丰富，具有明目养肝作用，可以帮助人们消化，是老少皆宜的健康水果。成熟的草莓在采摘及运送过程中容易碰伤，购买后要趁新鲜吃完，营养才不会流失。

别名：红莓、洋莓、地莓、士多啤梨

产期：1月至3月

产地：原产于南美洲，主要分布在亚洲、欧洲和美洲

水蜜桃

水蜜桃适合栽种在海拔1400 ~ 2200米的山区，它绒毛绵密有弹性，看来像上了一层粉雾，含有丰富的维生素、蛋白质、膳食纤维，以及矿物质，具有美肤、清胃、润肺、祛痰等功效，尤其是铁含量在水果中几乎是首位，比苹果多三倍，营养价值和美丽外形，堪称是水果中的皇后。

别名： 毛桃、白桃

产期： 6月至8月

产地： 原产于中国

芦笋

芦笋有绿色、白色和紫色三种。在生长过程中，露出地面的笋尖会变绿，土壤以下晒不到阳光会保持白色。芦笋嫩茎中含有丰富的蛋白质、维生素、矿物质和人体所需的微量元素等，每100克芦笋的含量就足够人体一日所需；它还含有蔬菜较少见的天门冬酰胺，可以增强身体免疫力。

别名： 石刁柏、龙须菜、露笋

产期： 2月至6月

产地： 原产于欧洲、亚洲

梅子

梅子果实的外皮有短绒毛，内有籽，成熟前为绿色，成熟后大多为黄色或黄绿色，部分品种为红色或绿色。果实汁多，酸度高，伴有苦涩味。果实鲜食者少，主要用于食品加工，如蜜饯、果醋或果酱等。梅树适合生长在海拔400～1200米的地方，花开时常吸引游客前来观赏。

别名：青梅、春梅

产期：3月至5月

产地：原产于中国

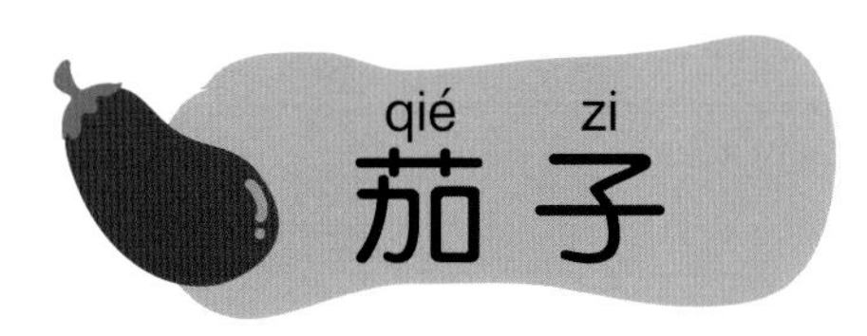

qié zi
茄子

qié zi fù hán wéi shēng sù wéi shēng sù qún wéi shēng
茄子富含维生素A、维生素B群、维生
sù wéi shēng sù gài lín měi tiě tóng děng yíng
素C、维生素P、钙、磷、镁、铁、铜等营
yǎng sù jí shàn shí xiān wéi qiě shì shuǐ fèn tā yǒu yì
养素及膳食纤维，且90%是水分。它有一
zhǒng jiào dān níng de fēn lèi huà hé wù qiē kāi huò pēng zhǔ
种叫“单宁”的酚类化合物，切开或烹煮
hòu hěn róng yì bèi yǎng huà shí jiān yuè cháng yán sè huì cóng hè
后很容易被氧化，时间越长，颜色会从褐
biàn wéi hēi sè tā de zǐ pí zhōng hán
变为黑色。它的紫皮中含
wéi shēng sù hé wéi shēng sù kě
维生素E和维生素P，可
zēng qiáng xuè guǎn tán xìng suǒ yǐ pēng zhǔ
增强血管弹性，所以烹煮
shí jiàn yì bǎo liú wài pí
时建议保留外皮。

bié míng luò sū
别名： 落苏

chǎn qī yuè zhì yuè
产期： 1月至3月

chǎn dì chǎn yú dōng nán yà zhōng guó
产地： 产于东南亚、中国

kōng xīn cài 空心菜

kōng xīn cài xué míng wèng cài yīn cài jīng wéi zhōng kōng bèi chēng zuò kōng xīn cài kōng xīn cài fēn wéi dà yè zhǒng hé xiǎo yè zhǒng dà yè zhǒng zhòng zài shuǐ tián jīng jiào cū yòu cháng xiǎo yè zhǒng zé shì zài hàn dì zāi zhòng jīng xiāng duì bǐ jiào xì tā de shì yìng néng lì hěn qiáng yì zāi zhòng tiān nèi jiù néng cǎi shōu

空心菜学名“蕹菜”，因菜茎为中空，被称作“空心菜”。空心菜分为大叶种和小叶种，大叶种种在水田，茎较粗又长；小叶种则是在旱地栽种，茎相对比较细。它的适应能力很强，易栽种，18～28天内就能采收。

bié míng 别名：wèng cài téng téng cài wěng cài 蕹菜、藤藤菜、蓊菜

chǎn qī 产期：3 yuè 月 zhì 至 12 yuè 月

chǎn dì 产地：yuán chǎn yú zhōng guó guǎng xī yù lín bó bái 原产于中国广西玉林博白

冬瓜

冬瓜外皮为绿色，成熟后，果肉厚且多汁。冬瓜果肉加水熬煮后味道鲜甜，适合当作汤底食材或火锅食材；加糖熬煮，可以做成夏季消暑饮料或做成糕点。它的种子可以做成中药，具有化痰功效，并有增强身体免疫力的作用。

别名： 白瓜、枕瓜

产期： 4月至10月

产地： 原产于中国、印度

龙须菜

龙须菜是佛手瓜的嫩芽，因茎蔓的外观呈卷须状，被称为“龙须菜”。它生长快，摘采后2～3天就能再长出来，很少有病虫害。龙须菜气味芳香，富含铁、锌和膳食纤维，食用热量低，有清热解毒、利湿助消化等功效。

别名： 龙须草、佛手瓜苗、菊花菜

产期： 4月至10月

产地： 原产地为墨西哥、中美洲、西印度群岛

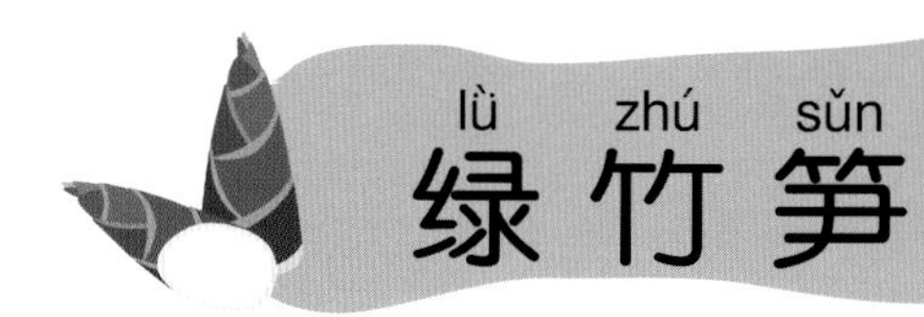

绿竹笋

绿竹笋是最受欢迎的竹笋品种，纤维少，口感细嫩鲜甜，常被拿来凉拌食用。笋尖转成绿色时，烹煮后会带有苦味，因此在清晨采收最佳。在购买时得挑外形如牛角、基部宽广、笋尖略带金黄色的。

别名：四季笋、绿仔笋

产期：4月至10月

产地：原产地为中国

dà suàn

大蒜

dà suàn wéi duō nián shēng cǎo běn jù yǒu qiáng liè qì wèi
大蒜为多年生草本，具有强烈气味。
dà suàn de dì xià lín jīng chéng biǎn qiú xíng yóu jǐ xiǎo kē de
大蒜的地下鳞茎，呈扁球形，由几小颗的

suàn bàn jù hé ér chéng wài miàn zé
蒜瓣聚合而成，外面则
pī le yì céng bó mó dà suàn xìng
披了一层薄膜。大蒜性
wēn wèi xīn píng qiě yíng yǎng fēng
温，味辛平，且营养丰
fù shì chǎo cài bào xiāng bù kě quē
富，是炒菜爆香不可缺
shǎo de tiáo wèi hǎo bāng shou tā zhù cáng fāng shì jiǎn dān fàng zài
少的调味好帮手。它贮藏方式简单，放在
tōng fēng yīn liáng chù jiù xíng le
通风阴凉处就行了！

bié míng suàn suàn tóu dú suàn
别名：蒜、蒜头、独蒜

chǎn qī yuè zhì yuè
产期：2月至3月

chǎn dì yuán chǎn yú nán ōu zhōng yà
产地：原产于南欧、中亚

yáng cōng
洋葱

dà jiā zài qiē yáng cōng shí shì bú shì huì liú lèi ne zhè
大家在切洋葱时是不是会流泪呢？这
shì yīn wèi yáng cōng fù hán suàn ān suān méi zài qiē de shí hou huì
是因为洋葱富含蒜氨酸酶，在切的时候会
huī fā chū cì jī de qì wèi dǎo zhì yǎn jing shòu dào cì jī ér
挥发出刺激的气味，导致眼睛受到刺激而
liú yǎn lèi zhǔ shú de yáng cōng bù jǐn méi yǒu qiàng bí wèi ér
流眼泪。煮熟的洋葱不仅没有呛鼻味，而
qiě wèi dào xiāng tián kě yǐ zēng jìn
且味道香甜，可以增进
shí yù yáng cōng shì yóu qiú jīng shēng
食欲。洋葱是由球茎生
zhǎng ér chéng nài zhù cáng shì wǒ
长而成，耐贮藏，是我
men rì cháng shí yòng de shū cài
们日常食用的蔬菜。

bié míng cōng tóu yáng suàn
别名： 葱头、洋蒜
chǎn qī yuè zhì yuè
产期： 1月至3月
chǎn dì yuán chǎn dì zhōng yà xī yà děng dì qū
产地： 原产地中亚、西亚等地区

黄瓜

黄瓜为葫芦科黄瓜属植物，是夏天常见的蔬菜。它成长期很短，2～3个月就能开花结果；水分占果实的90%，吃起来鲜脆多汁，富含有丰富的钾，可以促进体内废物和盐分排出；还有维生素C，具有美白效果。黄瓜食用方法较多，可以煎汤、凉拌、素炒、肉炒、腌制。

别名： 胡瓜、花瓜、青瓜、刺瓜

产期： 3月至11月

产地： 原产于印度

jīn zhēn huā
金针花

jīn zhēn huā wéi duō nián shēng cǎo běn zhí wù, yòu míng "huáng huā cài" "wàng yōu cǎo". tā fù hán dàn bái zhì hé tiě zhì, hú luó bo sù hán liàng gāo, huā wèi qīng xiāng, shài gān hòu shì cháng jiàn de shí cái, yǒu xiǎn zhù de jiàng dī dǎn gù chún de gōng xiào, shí yòng jià zhí jí gāo. zài guó wài, jīn zhēn huā yòu chēng "yí rì měi rén", yīn wèi tā zǎo shang kāi huā、wǎn shang diāo xiè, zhòng zhí zhě zǒng gǎn zài huā kāi qián quán bù cǎi shōu.

金针花为多年生草本植物，又名“黄花菜”“忘忧草”。它富含蛋白质和铁质，胡萝卜素含量高，花味清香，晒干后是常见的食材，有显著的降低胆固醇的功效，食用价值极高。在国外，金针花又称“一日美人”，因为它早上开花、晚上凋谢，种植者总赶在花开前全部采收。

bié míng: wàng yōu cǎo、xuān cǎo
别名： 忘忧草、萱草

chǎn qī: 5 yuè zhì 10 yuè
产期： 5月至10月

chǎn dì: yuán chǎn yú zhōng guó
产地： 原产于中国

柳丁

柳丁是健康的碱性食物，果肉含有丰富的膳食纤维，可以促进消化，有助于提高体内好的胆固醇含量。它含钾量高，肾脏功能弱的人需少吃；糖分高，糖尿病患者也不适宜多吃。柳丁除了可以食用，皮还能用于泡澡、清除油渍，晒干的皮还能去除霉臭味呢！

别名： 柳橙、甜橙、黄果、金环

产期： 11月至翌年1月

产地： 原产于中国、印度

bǎi xiāng guǒ

百香果

bǎi xiāng guǒ de huā yóu wǔ piàn huā
百香果的花由五片花
è hé wǔ piàn huā bàn suǒ zǔ chéng yīn
萼和五片花瓣所组成，因
wèi xiàng shí zhōng suǒ yǐ yòu jiào shí
为像时钟，所以又叫“时
zhōng guǒ tā de wài pí shēn zǐ
钟果”。它的外皮深紫，
guǒ ròu xiān huáng sè zé měi lì xiāng qì nóng yù chī qǐ lái
果肉鲜黄，色泽美丽，香气浓郁，吃起来
suān zhōng dài tián bǎi xiāng guǒ shǔ yú hòu shú xíng shuǐ guǒ cǎi shōu
酸中带甜。百香果属于后熟型水果，采收
hòu fàng zhì tiān xiāng qì huì gèng jiā nóng yù tián měi
后放置2～3天，香气会更加浓郁、甜美，
cháng wēn bǎo cún yuē kě chǔ cún yì zhōu shí jiān
常温保存约可储存一周时间。

bié míng jī dàn guǒ xī fān guǒ bā xī guǒ
别名：鸡蛋果、西番果、巴西果

chǎn qī yuè zhì yuè
产期：5月至10月

chǎn dì yuán chǎn yú bā xī zhōng guó
产地：原产于巴西、中国

扫描看动画

huǒ lóng guǒ
火龙果

huǒ lóng guǒ de yè zi tuì huà chéng cì, zhǎng zài sān jiǎo zhuī
火龙果的叶子退化成刺，长在三角锥
xíng de zhī tiáo shang, guǒ ròu yán sè cháng jiàn yǒu hóng、bái liǎng
型的枝条上，果肉颜色常见有红、白两
sè, yǒu hěn duō xiàng zhī ma yí yàng de hēi sè diǎn dian, zhè shì
色，有很多像芝麻一样的黑色点点，这是
zhǒng zi. tā de huā qī hěn duǎn, huā bāo zài tiān hēi hòu zhú jiàn
种子。它的花期很短，花苞在天黑后逐渐
zhǎn kāi, dào wǎn shang 10 diǎn zuǒ yòu quán kāi, dì èr tiān qīng chén
展开，到晚上10点左右全开，第二天清晨
tài yáng shēng qǐ hòu huā duǒ diāo xiè.
太阳升起后花朵凋谢。

huǒ lóng guǒ yíng yǎng fēng fù, hái hán
火龙果营养丰富，还含
yǒu yì bān zhí wù shǎo yǒu de bái dàn
有一般植物少有的白蛋
bái jí huā qīng sù.
白及花青素。

bié míng: hóng lóng guǒ、xiān mì guǒ、zhī ma guǒ
别名：红龙果、仙蜜果、芝麻果

chǎn qī: 5 yuè zhì 12 yuè
产期：5月至12月

chǎn dì: yuán chǎn dì wéi lā dīng měi zhōu、zhōng guó tái wān
产地：原产地为拉丁美洲、中国台湾

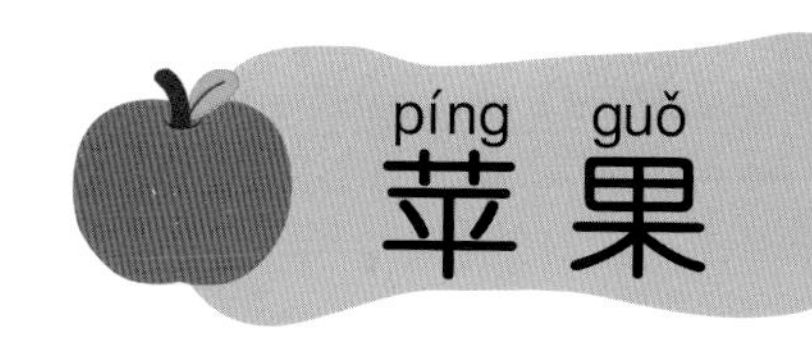

苹果

人们常说“一天一苹果，医生远离我”，是因为苹果富含多种维生素、β-胡萝卜素、茄红素钾与果胶，还有大量的膳食纤维。在童话故事里，苹果也是经常被当成主角的水果噢！例如亚当和夏娃、白雪公主，连牛顿都是被苹果砸中才发现地心引力的呢！

别名：林檎、海棠、沙果

产期：9月到12月

产地：原产于欧洲和中亚

扫描看动画

莲藕

莲的地下茎叫藕，清甜且脆，可生食也可烹饪，是常用菜肴之一。莲一身是宝，莲柄、荷叶、莲蓬、莲子、莲藕等都可以食用或作为药用。莲藕虽然埋在泥水里，挖出来时一身黑，但却是道地的白色蔬果，而且折断时有“藕断丝不断”的现象。

别名： 藕节、湖藕、果藕、菜藕

产期： 6月及9月

产地： 原产于印度、中国

苦瓜

苦瓜又叫“凉瓜”，果实长，为椭圆形，外表有不规则瘤状突起。苦瓜主要营养成分包含大量维生素C及膳食纤维，热量很低，属高纤低热量食材，常吃具有清热解暑、明目解毒等功效。近年来研究发现，苦瓜中含有清脂素，生吃还可以达到美容减肥的效果噢！

别名： 凉瓜、半生瓜

产期： 6月至翌年3月

产地： 原产地为亚洲地区

lóng yǎn
龙眼

lóng yǎn bāo kāi ké shí shuāng shǒu yì niē huì xiàng bì zhe de
龙眼剥开壳时，双手一捏会像闭着的
yǎn jing jiàn jiàn zhāng kāi dǎ kāi hòu bái bái guǒ ròu xiàng yǎn jing de
眼睛渐渐张开，打开后白白果肉像眼睛的
jiǎo mó chī wán guǒ ròu hòu de hēi zǐ xiàng yǎn qiú tā shì
角膜，吃完果肉后的黑籽像眼球，它是
zì gǔ yǐ lái de bǔ pǐn zhī yī yīn cǐ bèi chēng wéi lóng
自古以来的补品之一，因此被称为“龙
yǎn lóng yǎn de guǒ shù néng zuò jiā jù jí diāo kè zhì pǐn
眼”。龙眼的果树能做家具及雕刻制品，

guǒ shí kě yǐ zhí jiē chī huò hōng bèi zuò
果实可以直接吃或烘焙做
chéng lóng yǎn gān lóng yǎn de huā yě shòu
成龙眼干。龙眼的花也受
mì fēng xǐ ài fēng nóng kě yǐ niàng zhì
蜜蜂喜爱，蜂农可以酿制
lóng yǎn mì
龙眼蜜。

bié míng guì yuán lóng mù yuán yǎn
别名： 桂圆、龙目、圆眼

chǎn qī yuè zhì yuè
产期： 7月至8月

chǎn dì yuán chǎn yú zhōng guó
产地： 原产于中国

扫描看动画

qīng jiāo
青椒

qīng jiāo shì wéi shēng sù A、K hán liàng zuì duō de shū cài, guǒ shí jiào dà, jiù xiàng xiǎo dēng long, yīn cǐ yòu jiào "dēng long jiāo"。tā hán yǒu jiāo yóu, qì wèi jiào tè shū, yǔ là jiāo shì tóng yì zhǒng zuò wù, là wèi jiào dàn shèn zhì méi yǒu xīn là wèi。qīng jiāo shì hái méi chéng shú de tián jiāo yòu guǒ, zhǐ yào děng kāi huā 60～80 tiān hòu zài cǎi shōu, kǒu gǎn huì gèng hǎo!

青椒是维生素A、K含量最多的蔬菜，果实较大，就像小灯笼，因此又叫“灯笼椒”。它含有椒油，气味较特殊，与辣椒是同一种作物，辣味较淡甚至没有辛辣味。青椒是还没成熟的甜椒幼果，只要等开花60～80天后再采收，口感会更好！

bié míng: qīng là jiāo、tián jiāo、dēng long jiāo
别名：青辣椒、甜椒、灯笼椒

chǎn qī: 10 yuè zhì yì nián 5 yuè
产期：10月至翌年5月

chǎn dì: yuán chǎn yú zhōng、nán měi zhōu, zhōng guó
产地：原产于中、南美洲，中国

释迦

释迦常见的品种分为两大类：比较常吃的大目和软枝以及凤梨释迦。大目或软枝有明显的疣凸起，鳞目与鳞沟还能作为果实是否成熟的判断依据，如果鳞目凸起明显，且鳞沟呈现奶黄色，有些微裂开，表示果实成熟可以采收。释迦是糖分及热量很高的水果，可别贪吃噢！

别名： 番荔枝、佛头果、释迦果等

产期： 7月至翌年2月

产地： 原产于美洲、中国

香蕉

香蕉就像月亮一样弯弯的，黄色的外衣里面却是白色的果肉，是热带地区常见的水果。成熟后的香蕉味道香甜又绵密，甜度高达19～24度，热量极高，一根香蕉就可抵上两个苹果。香蕉富含钾元素，是蔬果界排名第一的“美腿高手”噢！

别名： 芎蕉、甘蕉、金蕉

产期： 全年皆可生产，3至4月的品质最佳

产地： 原产于印度、马来半岛等地以及中国

huā yē cài
花椰菜

huā yē cài dào dǐ shì huā hái shi cài huā yē cài bèi chēng
花椰菜到底是花还是菜？花椰菜被称
wéi huā cài shí tā shì yì zhǒng zhǎng de xiàng huā de shū cài mù
为花菜时，它是一种长得像花的蔬菜。目
qián wǒ men cháng jiàn de huā yē cài yǒu bái sè jí lǜ sè liǎng zhǒng
前我们常见的花椰菜有白色及绿色两种，
tā de wéi shēng sù hán liàng fēng fù shì níng méng de bèi
它的维生素C含量丰富，是柠檬的3.5倍，
píng guǒ de bèi qí yíng yǎng jià zhí bǐ yì bān shū cài yào
苹果的26倍，其营养价值比一般蔬菜要
gāo fēi cháng shòu rén men xǐ ài
高，非常受人们喜爱。

bié míng huā cài cài huā
别名：花菜、菜花

chǎn qī yuè zhì yì nián yuè
产期：8月至翌年3月

chǎn dì yuán chǎn dì wéi nán ōu yí dài yǐ jí zhōng guó
产地：原产地为南欧一带以及中国

卷心菜

卷心菜又名高丽菜、洋白菜，是很常见的蔬菜，味道甘甜又很有营养，老少都易食用。它比较小，筋软味甜，易贮耐运，产量高，品质好，是四季的最佳蔬菜选择。

别名： 结球甘蓝、高丽菜、卷心菜

产期： 8月至翌年4月

产地： 原产于地中海沿岸、南欧、小亚细亚以及中国

shì zi
柿子

qiū tiān shì shì zi de jì jié hóng tōng tōng de shì zi yǒu
秋天是柿子的季节，红通通的柿子有
zhe shì shì rú yì de hán yì gěi rén wēn nuǎn yòu xìng fú
着“事事如意”的含意，给人温暖又幸福
de gǎn jué shì zi hé páng xiè tóng shí shí yòng huì zhòng dú yuán
的感觉。柿子和螃蟹同时食用会中毒，原
yīn shì zhè liǎng zhǒng dōu shì xìng hán shí wù tóng shí róng yì zào chéng
因是这两种都是性寒食物，同食容易造成
cháng wèi bú shì fù tòng lā dù zi rén men jīng cháng jiāng shì zi
肠胃不适，腹痛拉肚子。人们经常将柿子
shài gān zuò chéng shì bǐng néng cún fàng
晒干做成柿饼，能存放
bǐ jiào jiǔ qiě wèi dào tián měi
比较久，且味道甜美。
tā bú shì hé kōng fù chī cháng wèi
它不适合空腹吃，肠胃
bù hǎo de rén zuì hǎo shǎo chī
不好的人最好少吃。

bié míng lín shì
别名：林柿
chǎn qī yuè zhì yuè
产期：9月至11月
chǎn dì yuán chǎn yú zhōng guó
产地：原产于中国

胡萝卜

胡萝卜为伞形科胡萝卜属二年生草本植物，以肉质根作蔬菜食用，含有丰富的“胡萝卜素”，故得此名。胡萝卜素对维持眼睛视力有益，还能改善夜盲症和保护呼吸道。它适合生长在沙质土壤中，根分红色和橘黄色两种。

别名：红萝卜、番萝卜、小人参

产期：2月至3月

产地：亚洲

山药

早期山药被当作一种药材，并在《本草纲目》及《神农本草经》中都有记载，把山药切开之后，磨一磨会出现黏蛋白，长期食用具有润肺祛痰、健脾胃等功效，属上等药材。全世界的山药品种繁多，多达600多种，形状各异，有块状、圆形、长条状等。

别名：淮山、柱薯、薯蓣、田薯、长薯

产期：9月至翌年4月

产地：原产于中国

扫描看动画

杨桃

杨桃是鲜果中含糖量高的水果，它有丰富的维生素C、磷、钾等成分，热量低，膳食纤维也不少。杨桃树可高达10米，它的果实有90%都是水分，表面有五棱或六棱的凸起，果肉是淡黄半透明，而横切面就像星星形状一样非常特别，也被称为“星星果”！

别名： 洋桃、五敛子

产期： 10月至翌年3月

产地： 原产地为印度、马来西亚、中国

芹菜

芹菜主要有两种：本地种植的旱芹香味较浓，水芹香味稍淡。这种特别的香味是怎么产生的呢？因为芹菜含有大量钙及磷，所以常被用来当调味菜，增加食物的香气。芹菜还可以促进食欲和帮助消化，对健康有益！

别名： 芹、旱芹、洋芹、鸭儿芹

产期： 10月至翌年4月

产地： 原产地为欧洲地中海沿岸以及中国

酪梨

酪梨又叫“牛油果油梨”。它的果肉质地软糯像乳酪，颜色淡黄至鲜黄，越靠近果皮的部分越呈绿色；果肉不甜或稍甜，气味类似核仁，有特殊的乳酪香味，所以有“森林的奶油”之美誉。果皮颜色变黑，摇一摇有果肉分离的声音就是果实成熟啦！

别名： 牛油梨、鳄梨

产期： 7月至10月

产地： 原产地为中美洲和墨西哥

葡萄柚

葡萄柚原产于十八世纪的西印度贝多群岛上，是甜橙与柚类天然杂交产生的品种，因它挂果像葡萄成串，外形又像柚子，故称为“葡萄柚”。每颗葡萄柚仅82卡的热量，去油腻又助消化，是人们喜爱的水果。但应注意的是：服用药物时，禁止吃葡萄柚，因为它会影响某些药物的吸收与代谢。

别名：西柚、胡柚

产期：11月至12月

产地：原产于西印度群岛

白萝卜

白萝卜属白花菜目十字花科的根类植物，是一种平价的蔬菜，富含维生素A、B、C、D、E及糖类、铁等，营养高，热量低，常吃能利尿及帮助消化。白萝卜整株植物都能吃，形状和胡萝卜很相似，体积稍大。

别名：芦菔、萝卜子

产期：11月至12月

产地：原产于欧洲、东亚

姜

姜为多年生草本植物，其根茎具有刺激性香辣味，是很好的烹饪辅助作料，可以去除腥味、促进肠胃蠕动。姜含有丰富的姜辣素，能促进血液循环，越老的姜，姜辣素则越高，所以有句俗语说“姜是老的辣”。姜是一种很强的抗氧化、抗发炎的小帮手，能够有效地杀菌。

别名： 生姜、白姜、川姜

产期： 5月至10月

产地： 原产于印度、中国

莲雾

莲雾外形小巧玲珑，果色鲜艳，依品种不同有粉红、暗红、白色、淡绿等色。莲雾的果肉汁多、清脆可口，含有蛋白质、维生素C、膳食纤维、糖类、钾等营养素，是热量较低的水果。好吃的莲雾具有底部的果脐开展、果实饱满、果皮有光泽且没有碰伤的特质。

别名： 洋蒲桃、爪哇蒲桃、辇雾、琏雾

产期： 11月至翌年7月

产地： 原产地马来半岛、印度以及中国台湾

金柑

金柑的成熟期在农历年前后，金黄色的外表十分讨喜，是节日必备的应景盆栽。金柑果富含维生素、矿物质、氨基酸、果糖、果胶，皮脆而甜，略带苦味，果肉偏酸，风味独特，具有止咳润喉、养颜美容的功效。它除了可直接食用，也可制作成酱料、糕点、蜜饯等休闲食品。

别名： 金枣、金橘、四季橘

产期： 11月至翌年3月

产地： 原产于中国

芋头

你知道芋头从种植到采收需要8～10个月吗？芋头喜欢高温多湿的环境，低温天旱对生长不利，严重影响产量。芋头生长期需要充足的水分，成熟期对水分需求减少。螺会直接啃食水芋的梗和叶，因此对芋头的生长极为不利。

别名： 芋艿、毛芋头

产期： 11月至翌年4月

产地： 原产于印度、中国

bō cài
菠菜

bō cài xǐ huan liáng shuǎng qì hòu shǔ yú dōng jì zuò wù
菠菜喜欢凉爽气候，属于冬季作物。
bō cài yíng yǎng fēng fù dàn bái zhì hán liàng yǔ niú nǎi pì měi
菠菜营养丰富，蛋白质含量与牛奶媲美，
wéi shēng sù hán liàng shì suǒ yǒu shū cài lèi de guàn jūn hóng tóu
维生素C含量是所有蔬菜类的冠军；红头
gēn bù hán yǒu tiě zhì gài zhì hé hú luó bo sù bō
根部含有铁质、钙质和β-胡萝卜素。菠
cài hán yǒu dà liàng cǎo suān huì yǐng xiǎng gài
菜含有大量草酸，会影响钙
zhì xī shōu kě xiān yòng shuǐ chāo hòu zài pēng
质吸收，可先用水焯后再烹
rèn qù chú yí bù fen cǎo suān
饪，去除一部分草酸。

bié míng bō sī cài yīng wǔ cài hóng gēn cài fēi lóng cài
别名： 波斯菜、鹦鹉菜、红根菜、飞龙菜

chǎn qī yuè zhì yì nián yuè
产期： 11月至翌年4月

chǎn dì yuán chǎn yú bō sī
产地： 原产于波斯

扫描看动画

hā mì guā
哈密瓜

hā mì guā wéi yuán xíng guǒ pí biǎo miàn yǒu wǎng zhuàng wén
哈密瓜为圆形，果皮表面有网状纹
lù guǒ ròu zé yǒu lǜ sè chéng sè děng duō zhǒng tā táng fèn
路，果肉则有绿色、橙色等多种，它糖分
hán liàng gāo wèi dào xiāng tián hā mì guā zhǔ yào chǎn yú jiàng shuǐ
含量高，味道香甜。哈密瓜主要产于降水
liàng xiǎo zhòu yè wēn chā dà de xīn jiāng hā mì tǔ lǔ fān
量小、昼夜温差大的新疆哈密、吐鲁番、
shàn shàn děng dì qí zhōng yǐ xīn jiāng hā mì
鄯善等地，其中以新疆哈密
suǒ chǎn zuì wéi chū míng yīn cǐ chēng wéi
所产最为出名，因此称为
hā mì guā xiàn shí xíng dà péng zāi
“哈密瓜”。现实行大棚栽
péi yǐ jīng zhú jiàn chéng wéi sì jì dōu chī
培，已经逐渐成为四季都吃
de dào de shuǐ guǒ
得到的水果。

bié míng wǎng wén guā tián guā děng
别名： 网纹瓜、甜瓜等

chǎn qī yuè zhì yì nián yuè
产期： 11月至翌年5月

chǎn dì yuán chǎn dì zhōng guó xīn jiāng
产地： 原产地中国新疆

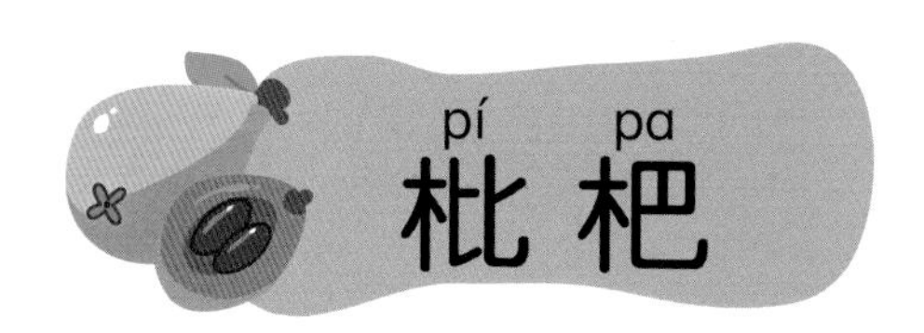

枇杷

枇杷外形浑圆可爱，形状与乐器“琵琶”酷似而得名。枇杷果实表皮布满细细的绒毛，外观是漂亮的橙红色，果肉香甜多汁。枇杷除了可食用，叶提炼后还能制作成枇杷膏、枇杷糖等舒缓咽喉不适的保健品。

别名： 金丸、芦枝、琵琶果、蜜丸

产期： 11月至翌年5月

产地： 原产于中国台湾地区及华南地区

橘子

橘子树高约3～5米，绿色的叶子又厚又硬。吃橘子要连果瓣上的脉纹一起吃，那是柑橘类输送养分的通道，含有大量维生素C。橘子本身含有比较高的维生素A及胡萝卜素，对皮肤保养非常有益，更能防治冬天皮肤干燥，而橘子皮以及果肉都含有柠檬烯，具有抑制癌细胞扩散的功效。

别名：椪柑、柑橘、乳柑、凸柑

产期：11月至翌年1月

产地：原产于印度、中国

枣子

枣子口感清脆，以蜜枣的甜度最高，最受消费者喜爱。枣子含有丰富的维生素C，比柳丁和苹果的含量还高，所以被称为“维生素C果”，也含膳食纤维、铁、钾等营养素。选购枣子时，果色淡绿有蜡质光泽、果形呈椭圆、果尖没有出现过熟的褐色的，品质较好。

别名：印度枣、枣

产期：12月至翌年4月

产地：原产于印度、中国

番茄

番茄的果皮、果肉以及种子都可食用，大番茄通常用来烹饪和加工，小番茄会直接作为水果食用，如圣女番茄和玉女番茄。番茄含丰富茄红素，具有抗氧化功效，与一般蔬菜烹饪后易营养流失所不同，它反而更容易释放出营养素，身体也更容易吸收。

别名：番柿、洋柿子、西红柿

产期：12月至翌年4月

产地：原产于南美洲

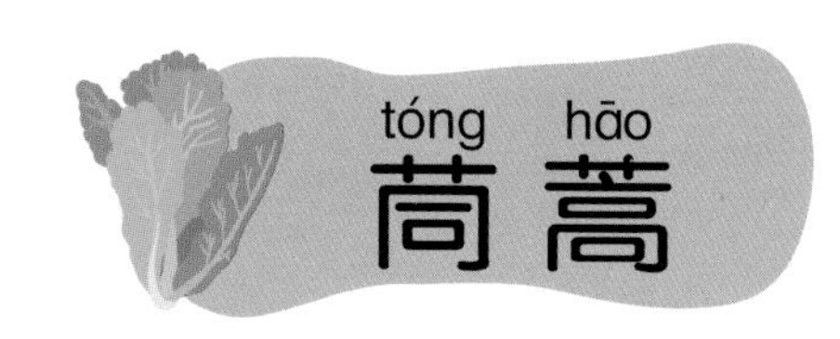

茼蒿

茼蒿的纤维细嫩，含有丰富的胡萝卜素、维生素A、维生素C、铁和钙，有助肠胃蠕动。茼蒿含水量高，叶子容易变黄，具有独特的香味。冷冷的冬天用来涮火锅最佳，茼蒿是火锅内不可缺少的配菜，搭配咸汤圆一起煮也很美味。

别名： 打某菜、菊花菜、茼蒿菜、皇帝菜

产期： 12月至翌年5月

产地： 原产于地中海沿岸、中国

南瓜

南瓜呈圆形，味道香甜，南瓜籽可制作成休闲零食。南瓜富含胡萝卜素，这种抗氧化物质能够帮助人维持敏锐的思考能力，且南瓜籽中富含的矿物质锌，也是促进大脑机能运作的重要物质噢！

别名： 金瓜、麦瓜、金冬瓜

产期： 12月至翌年7月

产地： 原产于北美洲、中国

葡萄

葡萄成熟期，为了避免虫咬或鸟食会在果实上套袋子，另一方面让葡萄果皮的色泽更为均匀。葡萄果皮外会有一层厚厚的白色果粉，果实大小会平均而整串呈现倒圆锥形，以“巨峰葡萄”品种最具特色。近年研究人员发现，果皮与葡萄籽含大量青花素，具有抗氧化功效，是女性美颜佳品。

别名： 蒲桃、提子

产期： 5月至翌年2月

产地： 原产地为亚洲西部、中国

樱桃

樱桃从种植至采收至少需要10年时间。樱桃外表鲜艳，红如玛瑙，果实富含糖、蛋白质、维生素及钙、铁、磷、钾等多种元素，呈爱心形状，味道香甜而微酸，它可以腌制成果酱或当作甜品的点缀。

别名： 莺桃、车厘子、朱樱、英桃

产期： 依品种而不同，一般在4月至7月

产地： 原产地为亚洲西部、欧洲东南部以及美国、智利、新西兰

辣椒（là jiāo）

辣椒口感辛辣，品种不同辛辣程度也不同，严重时会辣到头皮发麻、眼泪直流，而青椒、黄椒等口感较淡。辣椒含辣椒素，具有抗氧化的作用，长期食用有助于排出身体毒素，提高新陈代谢，达到美容养颜的功效。

别名： 香椒、海椒、番椒、辣子等

产期： 全年皆可生产

产地： 原产于中南美洲热带地区、中国

柚子

柚子外形浑圆可爱、象征团圆，加上柚子的“柚”和“庇佑”的“佑”同音，所以也被认为有吉祥的含义。柚子果肉口感清甜、凉润，且一身是宝，从里到外都能利用，果皮能用来沐浴或点燃后防蚊，果肉则甜嫩多汁，果皮和果肉间的白色海绵层，甚至还能拿来入菜，口感独特。

别名： 文旦

产期： 8月至10月

产地： 原产于马来西亚、中国

茭白笋

茭白笋，又名“水笋”。它并不属笋类，而是一种水生蔬菜的病态茎，造成的原因是来自一种真菌“黑穗菌”的寄生使茎部肿大，形成我们食用的笋状嫩茎，偶尔在茭白笋里看到的黑色小点，就是黑穗菌残留的痕迹！

别名： 水笋、高瓜、菰

产期： 全年皆可生产，4月至10月为盛产期

产地： 原产于中国

红薯叶

红薯叶是红薯成熟后地上秧茎顶端的嫩叶。早期的人们生活困苦，红薯成为人们的主食，红薯叶则作为养殖饲料。研究发现红薯叶因营养丰富又容易栽种，经过改良后成为可以食用的红薯叶，比其他红薯叶大，口感也很鲜嫩。

别名： 番薯叶、过沟菜、甘薯叶

产期： 全年皆可生产，4月至11月是盛产期

产地： 原产于墨西哥、中国

菠萝

菠萝的茎从叶子中间直直伸出，顶端开出花朵，凋谢后结圆筒状的果实，就是菠萝。菠萝富含大量的维生素、果糖，也含有一种“菠萝朊酶”物质，具有分解蛋白质、助消化的功效，是女性钟爱的减肥佳品噢！

别名： 凤梨、旺来

产期： 全年皆可生产，5月至8月为盛产期

产地： 原产于南美洲、中国

sī guā
丝瓜

sī guā yǒu tè bié de juǎn jīng huì chán rào zài zhòng zhí de
丝瓜有特别的卷茎，会缠绕在种植的
péng jià huò wù tǐ shang sī guā quán shēn shàng
棚架或物体上。丝瓜全身上
xià dōu shì bǎo xiān nèn de sī guā kě zuò
下都是宝，鲜嫩的丝瓜可作
wéi cài yáo lǎo huà de jīng bù qiē kāi cǎi
为菜肴，老化的茎部切开采
jí dào de yè tǐ hái néng chéng wéi sī guā
集到的液体还能成为丝瓜
lù shì zǎo qī fù nǚ de měi róng bǎo yǎng pǐn shèn zhì shài gān
露，是早期妇女的美容保养品，甚至晒干
de sī guā yě kě yǐ yòng zuò qīng xǐ wǎn pán de mā bù
的丝瓜也可以用作清洗碗盘的抹布。

bié míng cài guā sī jiā jiǎo guā tiān luó bù guā
别名：菜瓜、丝夹、角瓜、天罗、布瓜

chǎn qī quán nián jiē kě shēng chǎn yuè zhì yuè shì shèng chǎn qī
产期：全年皆可生产，5月至9月是盛产期

chǎn dì yuán chǎn yú yìn dù zhōng guó
产地：原产于印度、中国

秋葵

秋葵的外形独特呈长条状，尾端尖细，像女生的手指，故被称为“美人指”，横切之后像星星，角面明显。秋葵含有黏液，里面有种子，在《本草纲目》里属食疗植物，是现代人认为可以保护胃壁的热门养生食材，不过秋葵属性偏凉，肠胃较弱的人吃太多容易造成腹泻。

别名： 黄秋葵、咖啡黄葵、羊角豆、潺茄

产期： 全年皆可生产，5至9月是盛产期

产地： 原产于非洲及亚洲热带地区

xiāng gū
香菇

xiāng gū shǔ jūn lèi
香菇属菌类，
shēng zhǎng zài cháo shī dì shù
生长在潮湿地，树
mù shang huì chū xiàn yì duǒ duǒ
木上会出现一朵朵
de xiǎo sǎn zhuàng mù qián dà
的小伞状，目前大
duō wéi rén gōng zhòng zhí xīn
多为人工种植。新
xiān gēn shài gān hòu de xiāng gū dōu kě yòng yú pēng rèn zhōng qí fēng
鲜跟晒干后的香菇都可用于烹饪中，其风
wèi gè yì cháng qī shí yòng yǒu jiàng dī dǎn gù chún de gōng xiào
味各异，长期食用有降低胆固醇的功效；
xiāng gū wéi fā wù pí wèi ruò hé yǒu pí fū bìng de bù
香菇为“发物”，脾胃弱和有皮肤病的不
yí shí yòng
宜食用。

bié míng huā gū zhuī róng dōng gū xiāng xùn běi gū děng
别名： 花菇、椎茸、冬菇、香蕈、北菇等

chǎn qī quán nián jiē kě shēng chǎn
产期： 全年皆可生产

chǎn dì yuán chǎn yú dōng nán yà zhōng guó
产地： 原产于东南亚、中国

番石榴

番石榴像外国的石榴一样多籽而得名。番石榴果肉呈白色或黄色，肉质较厚，最里层为小颗粒种子，呈淡红色。它富含膳食纤维，能有效促进肠胃蠕动，如果果实存放过久会导致纤维素硬化，不易消化，容易引起便秘。

别名： 芭乐、拔仔

产期： 全年皆可生产，11月的品质最佳

产地： 原产于美洲、中国台湾

豌豆

豌豆呈豆荚状，里面装有绿色的圆滚豆子。豌豆可以分成硬荚或软荚两种，可以连豆荚和豆子一起吃的是软荚；硬荚则是不能食用，豆子可以做成熟知的豌豆仁。豌豆的卷须有攀爬的特性，弯弯的卷须看起来就像长了胡子一样。

别名： 荷兰豆、飞龙豆、宛豆

产期： 全年皆可生产，11月至翌年3月为盛产期

产地： 起源于地中海及西亚一带，还有中国

葱

葱叶呈绿色，茎因埋在土壤里没有照射到阳光，缺乏叶绿素呈现白色，称为"葱白"。葱的口感和洋葱类似，略带微辛辣感，是烹饪中不可缺少的作料，也可随意搭配酱料，被人们称为"和事草"。

别名：青葱、大葱、香葱、水葱等

产期：全年皆可生产

产地：原产地中国

柠檬

柠檬内含有丰富的维生素C，香气迷人，但味道极酸，不适合直接食用。市场上有绿色或黄色的柠檬，是因为采收时间不同。绿色柠檬是在熟度七八分时采收，黄色柠檬则是在完全成熟时采收。

别名： 黎檬

产期： 全年皆可生产

产地： 原产于印度、巴基斯坦、中国

扫描看动画

玉米

玉米是重要的粮食作物及饲料来源，具有较高的经济价值，目前被大量种植。玉米生长时茎节上会长出一节一节的圆筒形状，上面又好像珍珠一般整齐排列着，3～5个月后果实就已成熟。它全身都是宝，富含维生素A、E等营养元素，经证明长期食用具有抗衰老的功效。

别名：番麦、玉蜀黍、苞谷

产期：全年皆可生产

产地：原产于南美洲

芥菜

芥菜为一年生草本，又称“长年菜”。芥菜叶子呈绿、深绿、浅绿等色，喜冷凉湿润地，耐霜冻。早期人民生活困苦，到年末以芥菜充饥，味道微苦略带甘甜，象征着苦尽甘来。

芥菜是中国的特产蔬菜，长期食用具有良好的解毒消肿的功效。

别名：刈菜；加工过的称为咸菜、酸菜等

产期：全年皆可生产

产地：原产于中国

扫描看动画

木瓜

木瓜剖开果肉后会有很多颗黑色的小种子，种子的外面还有一层胶质膜包覆在外，像是穿着透明的外衣。在未成熟的木瓜上划一刀，会流出乳白色的汁液，被称为“乳汁”。红肉木瓜或是青木瓜，含有大量的胡萝卜素，也有美容丰胸等功效，是人们喜爱的水果之一。

别名： 番瓜、番木瓜

产期： 全年皆可生产，8月至10月品质最佳

产地： 原产中美洲的热带地区

大白菜

大白菜又称“包心白菜”，在我国各地普遍栽培，白菜全身都可食用，可炒食、作汤、腌渍，是我们餐桌上的常客。大白菜含有丰富的粗纤维、维生素B及微量元素，长期食用具有利尿通便、清热解毒的功效，故有“百菜不如白菜”的说法。

别名： 结球白菜、包心白菜、山东白菜

产期： 全年皆可生产，11月至翌年5月是盛产期

产地： 原产于中国

红凤菜

蔬菜界称为“红得发紫”的一种野生菜，它的叶子一面是绿色的，背面则是紫红色，烹饪后的汁液呈紫红色，也被称为“红菜”。红凤菜富含铁质，维生素C及蛋白质较高，具有清热、消肿、止血、生血的功效，是不可多得的绿色食品。

别名： 红菜、红番苋、当归菜、观音菜等

产期： 全年皆可生产，1月至6月品质最佳

产地： 原产于热带非洲以及印度、中国

图书在版编目（C I P）数据

3DAR蔬果小百科 / 深圳幼福编辑部编著. -- 南昌 :江西美术出版社，2016.8（2017.3 重印）
（AR知识通系列）
ISBN 978-7-5480-4551-9

Ⅰ. ①3… Ⅱ. ①深… Ⅲ. ①蔬菜－少儿读物②水果－少儿读物 Ⅳ. ①S63-49②S66-49

中国版本图书馆CIP数据核字(2016)第187668号

赣版权登字-06-2016-432

出 品 人：汤 华

责任编辑：刘 滟　仲卉馨

责任印制：谭 勋

AR知识通

3DAR蔬果小百科　深圳幼福编辑部 编著

出　版：江西美术出版社（南昌市子安路66号江美大厦）

邮　编：330025

网　址：www.jxfinearts.com

电　话：0755-83474508

经　销：全国新华书店

印　刷：深圳市雅佳图印刷有限公司

版　次：2016年8月第1版

印　次：2017年3月第2次印刷

开　本：787mm×1092mm　1/24

印　张：6

书　号：ISBN 978-7-5480-4551-9

定　价：29.80元
